RESUMEN Y ASPECTOS BASICOS DE LOS ACCESOS VASCULARES PARA HEMODIALISIS

INDICE
PARTE II:

1.-ACCESOS VASCULARES: F. ARTERIOVENOSA
- 1.1.-Definición
- 1.2.-Clasificación
- 1.3.-Historia

2.-FÍSTULAS ARTERIOVENOSAS EXTERNAS
- 2.1.-Indicaciones
- 2.2.-Técnica quirúrgica
- 2.3.-Tipos más utilizados
- 2.4.-Complicaciones

3.-FÍSTULAS ARTERIOVENOSAS INTERNAS
- 3.1.-Indicaciones
- 3.2.-Técnica quirúrgica
- 3.3.-Localizaciones
- 3.4-Clínica
- 3.5.-Duración
- 3.6.-Complicaciones

4.-PRÓTESIS VASCULARES
- 4.1.-Indicaciones
- 4.2.-Duración
- 4.3.-Tipos
- 4.4.-Complicaciones
- 4.5.-Cuidados

5.-OTROS ACCESOS VASCULARES

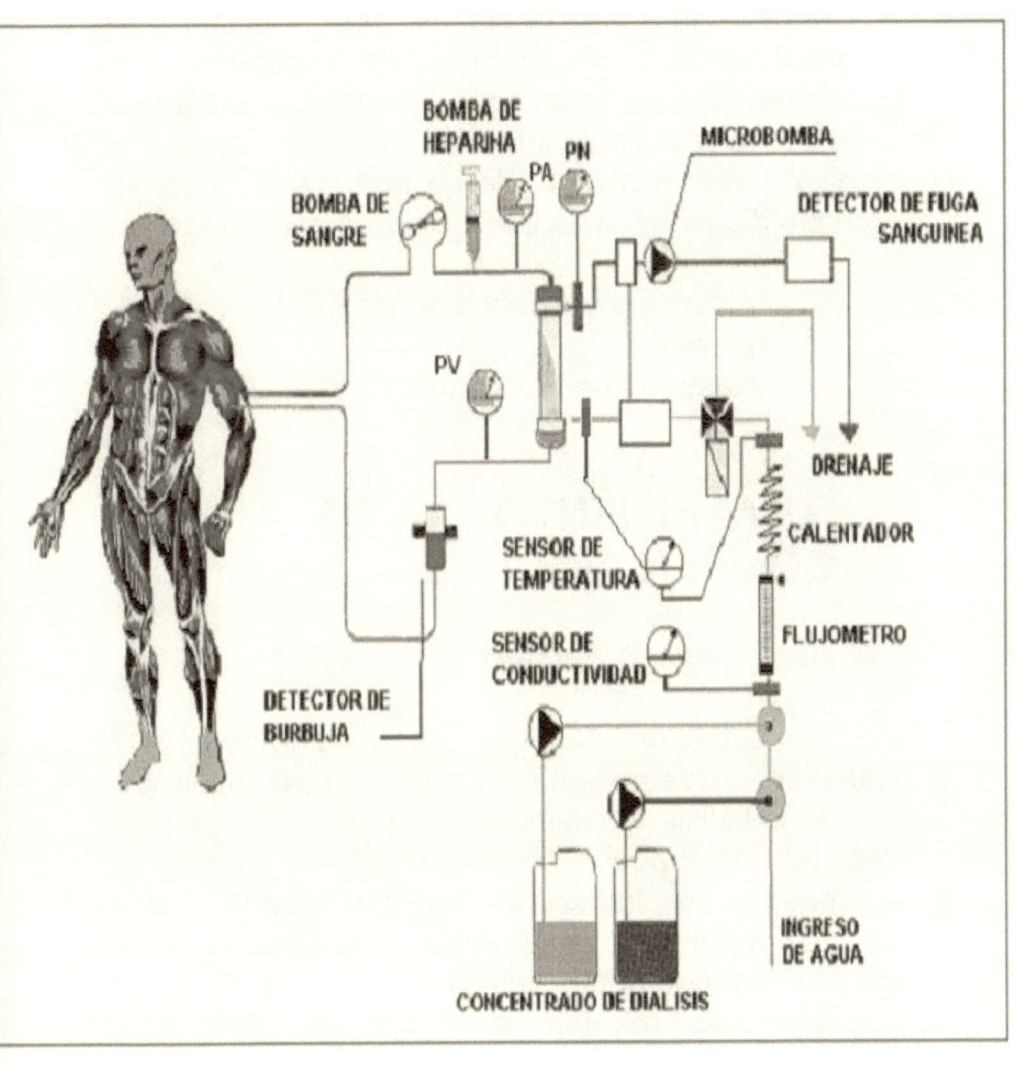

DIAGNÓSTICO DE LAS COMPLICACIONES

Aunque la mayoría de las complicaciones se diagnostican sin ningún tipo de problemas, en ocasiones no será fácil llegar a la conclusión de cuál es la causa real del problema. Hoy día tenemos dos técnicas que nos son de gran utilidad para un correcto diagnóstico de las complicaciones presente:

-Fistulografía (Dilataciones. Colocación de Steins)
-Rastreo con Galio marcado.

TRATAMIENTO DE LAS COMPLICACIONES

Hemorragia o Hematoma:

La aparición de un brusco engrosamiento subcutáneo nos obligará, de inmediato, a suspender la Hemodiálisis y cambiar el punto de punción después de hacer compresión en la zona (si aparece en el transcurso de una sesión) o a cambiar el punto de compresión (si se desarrolla una vez terminada la hemodiálisis).

Una vez retirada la aguja de punción o cambiado el punto de compresión, se aplicará sobre la zona una compresión suave pero eficaz. Pasadas unas horas se retira la compresión y se dará sobre la zona afecta una pomada anticoagulante, trobolítica y fibrinolítica. Según precripción facultativa.

En los días sucesivos se cambiará el sitio de punción para respetar esa zona.

Infección:

Se tratará precozmente e intensamente con el antibiótico adecuado.

El resto de las complicaciones tienen siempre una solución quirúrgica que no se debe demorar, ya que cuanto más tiempo pase peor será la solución.

CUIDADOS DE LA FISTULA

1.- Cuidados postoperatorios Colocar el brazo en elevación, por encima de la línea del apex cardíaco para evitar el edema. Esta situación se mantendrá durante 24-48 horas. Pasado este tiempo se puede movilizar el brazo. Se observará periódicamente el apósito por si sangrara Se auscultará la fístula, diariamente al principio, siempre en el mismo sitio, para detectar una disminución o desaparición del soplo, signo de que la fístula funciona mal o ha dejado de funcionar.

Palpar el pulso distal a la fístula. Si no se palpa (en ausencia de una fístula terminal de arteria) puede ser por trombosis o "sindrome de robo". En ambos casos existirá frialdad distal.

Si los apósitos están secos no se cambiará hasta pasadas 24-48 horas.

Una fístula interna no se usará hasta que la vena esté bien "arterializada", es decir, dilatada, con paredes engrosadas y con un buen flujo. Para ayudar a conseguir estas metas, especialmente en pacientes con malas venas, podemos hacer a partir del tercer o cuarto días:

-Ejercicio de pelota
-Aplicación de calor

Compresión de las venas superficiales, lo más próximo a la axila, durante 15 minutos, 2-3 veces al día. La presión del manguito debe ser la mínima necesaria para distender las venas superficiales.

2.- Cuidados en su manejo. Técnicas de canulación

A.- Elección del punto de punción

Comprobar que en la zona elegida no existe ningún tipo de infección ni de hematoma. Nunca se debe pinchar en estas áreas. Cambiar el sitio de punción de modo que la distancia entre dos pinchazos en días consecutivos sea al menos de 2 cms.

Colocar la aguja "arterial" en la zona de máximo flujo y nunca auna distancia de la fístula inferior de 4 cms (si es posible).

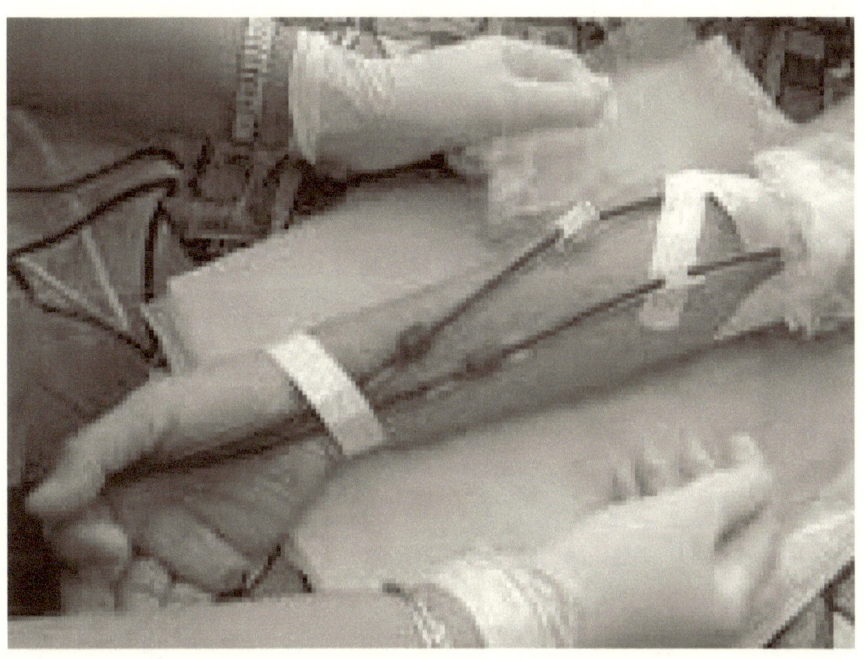

Hay que tener un conocimiento exacto del recorrido de la vena para poder pinchar en la zona adecuada con seguridad.

B.- Elección de la aguja

-Bipunción .(Fig. 26)
-Unipunción (Fig.27)

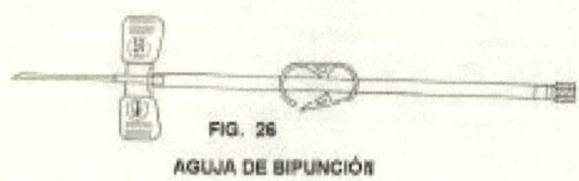

FIG. 26
AGUJA DE BIPUNCIÓN

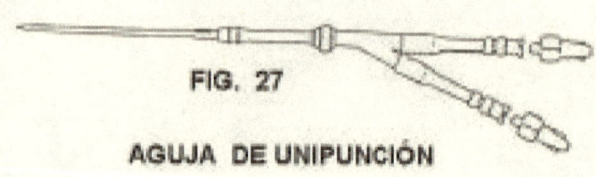

FIG. 27
AGUJA DE UNIPUNCIÓN

C.- Preparación de la piel

-Lavado de la zona con agua y jabón
-Aplicar solución de Betadine o similar y esperar 2 minutos a que se seque antes de la punción.

D.- Técnica de canulación

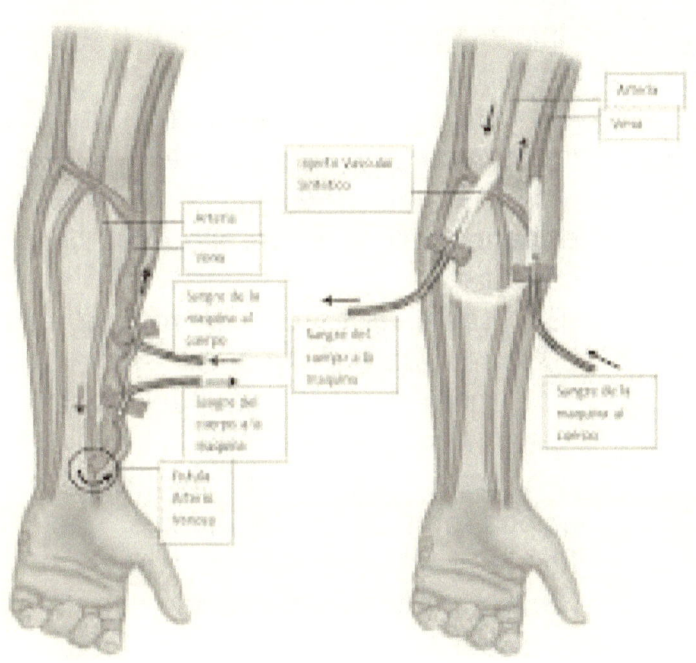

-Lavado quirúrgico de las manos
-Estar seguro de tener dispuesto todo lo necesario
-Saber cuál es la dirección del flujo en la que se pretende canalizar.

- Usar guantes de una medida adecuada
- Colocar el brazo con la piel bien esterilizada
- Aplicar un compresor por encima del punto de punción
- Purgar con solución salina heparinizada las cánulas y agujas
- Iniciar la punción sobre la vena en un ángulo de 45º
- Avanzar la aguja hasta que aparezca la sangre, disminuyendo entonces dicho ángulo. Se fija a la piel con esparadrapo y se repite con la otra cánula
- En ocasiones es preciso rotar la aguja 90º para que el bisel quede hacia abajo y no choque con la pared del vaso.
- Generalmente, la cánula que vamos a usar para toma de sangre (arterial) se coloca con la punta dirigida hacia la fístula y la que vamos a usar para retorno (venosa) en dirección contraria.

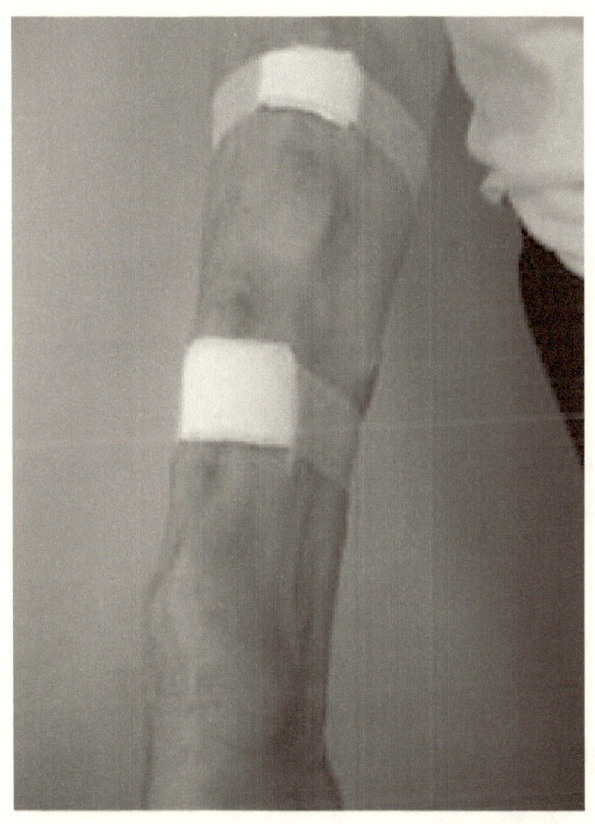

CUIDADOS GENERALES

El paciente debe estar instruído sobre los siguientes puntos:
A) Acostumbrarse a tocar la fístula y sentir el solplo

B) Mantener la extremidad siempre bien limpia

C) Aplicar algún producto a la piel para mantenerla hidratada

D) Las extracciones de sangre para analítica se harán siempre a través de la otra extremidad.

E) No se tomará nunca la Presión Arterial en esa extremidad.

F) No se usará esa vena para infusión de sueros ni medicación intravenosa

G) Tratar de evitar por todos los medios cualquier traumatismo sobre la fístula

H) En las fístulas radiales bajas podrá ponerse si quiere una muñequera, sin compresión.

I) No llevará nunca nada que pueda comprimir las venas de esa extremidad

J) La desaparición del solplo es motivo de consulta urgente al Servicio de Nefrología

K) La aparición de dolor, edema, enrojecimiento o frialdad de los dedos, es también motivo de consulta urgente.

4.- PRÓTESIS VASCULARES

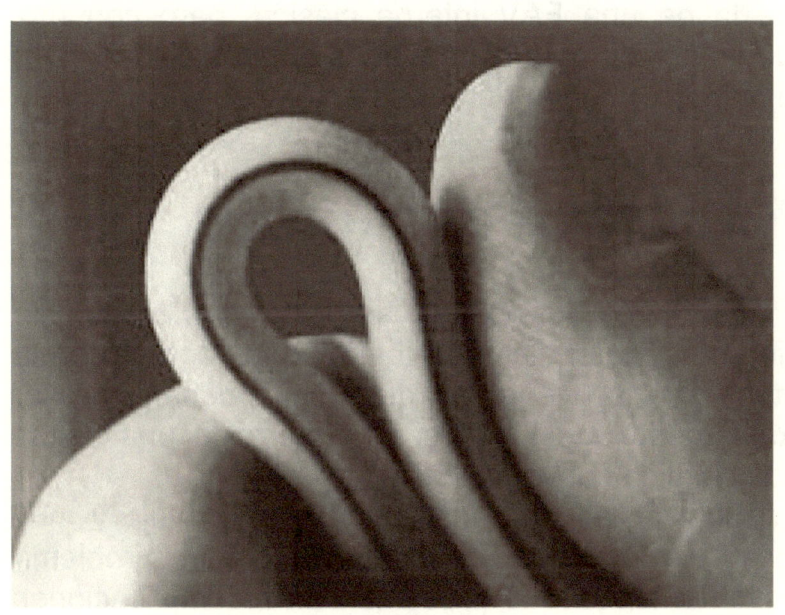

4.1.-INDICACIONES

Se utilizan en todas aquellas ocasiones en las que no es posible obtener una fístula interna convencional
En ocasiones, cuando se constata que los vasos no son buenos, recurriremos a ellas antes que intentar una tercera o cuarta fístula que ya sospechamos no va a dar resultados.

4.2.-DURACIÓN

La duración de las prótesis es siempre menor que la de una FAV interna clásica, pero con una buena técnica quirúrgica y unos buenos cuidados en su manejo, pueden durar bastante.

4.3.- TIPOS DE PRÓTESIS

En todos los casos se trata de "tubos" de diferentes materiales que, bajo la piel, comunican la arteria y la vena y que se pueden utilizar exactamente igual que si se tratara de una fístula radiocefálica convencional.

Son fáciles de canalizar, dan buen flujo y muy poca resistencia de retorno. Su problema fundamental es que presentan más complicaciones que las convencionales y éstas se presentan más tempranamente.

Su trayecto, entre arteria y vena, pueden ser rectos, o más o menos curvo, por lo que es fundamental conocer perfectamente el mismo para poder canalizar adecuadamente.

Los materiales más usados de procedencia orgánica son:
- Vena safena del propio paciente
- Cordón umbilical (vena) humano (Dardik)
- Carótida de ternera conservada

Prótesis artificiales:
- Dacron
- Politetrafluoroetileno (Goretex)

-Hemasite o fístula "de botón"

De todas ellas, las tres primeras son muy poco utilizadas actualmente y quizás la de más aceptación es hoy día la de Goretex.

Su colocación se puede realizar de dos formas:
Sobre una fístula interna previa que ha dejado de funcionar por problemas venosos, en forma de "puente" entre la arteria y la vena, por encima de la lesión (estenosis, trombosis, etc.) En este caso canularemos la propia vena del paciente, que volverá a tener flujo a través de la prótesis.

En un trayecto más largo, entre la arteria que ya habíamos usado previamente u otra vena. En este caso, la canulación se realizará sobre la propia prótesis.

Un caso especial es la prótesis "de botón" en la que el pinchazo se realiza sobre una zona especial que ya lleva la propia prótesis y que sobresale de la piel para sun fácil acceso (fig. 33).

Las localizaciones de prótesis más frecuentes son:
Radiobasílica: Entre la ratería radial y la vena basílica, en el pliegue del codo (fig.34) Humeroaxilar: Entre la arteria humeral, inmediatamente por encima del pliegue del codo, hasta la vena axilar (Fig.35).

Otras localizaciones mucho menos frecuentes por sus dificultades técnicas y sus pobres resultados son la axiloaxilar (Fig.36) entre la arteria axilar de un lado y la vena axilar contralateral por debajo de la piel en el tejido celular subcutáneo, y la femorosafena (Fig. 37) (entre arteria femoral superficial y vena safena, por debajo de la piel, en la cara anterior del muslo).

Otras localizaciones son posibles y, en cada caso, dependerá del estado de los vasos del enfermo y de la habilidad del cirujano.

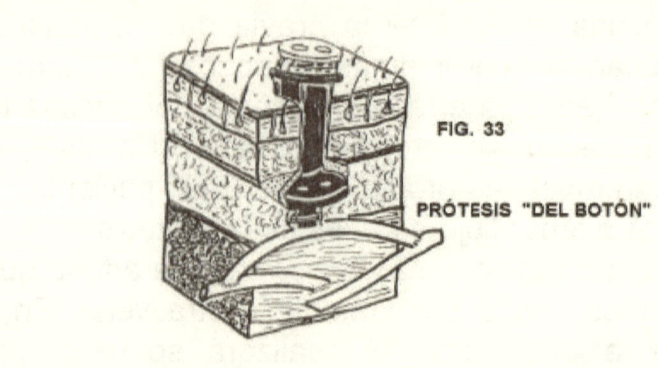

FIG. 33
PRÓTESIS "DEL BOTÓN"

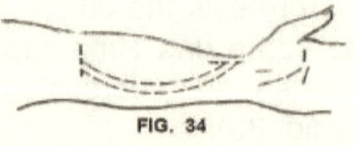

FIG. 34
LOCALIZACIÓN RADIOBASÍLICA

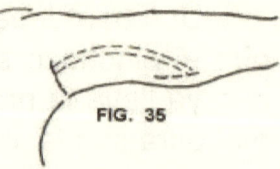

FIG. 35
LOCALIZACIÓN HÚMEROAXILAR

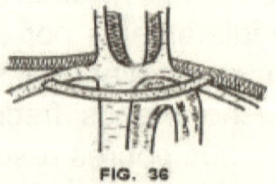

FIG. 36
LOCALIZACIÓN AXILOAXILAR

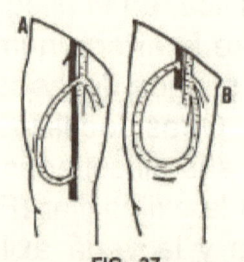

FIG. 37
LOCALIZACIÓN FEMOROSAFENA

4.4.- COMPLICACIONES

-Infección
-Trombosis
-Hemorragias
-Falsos aneurismas

4.5.- CUIDADOS DE LAS PRÓTESIS

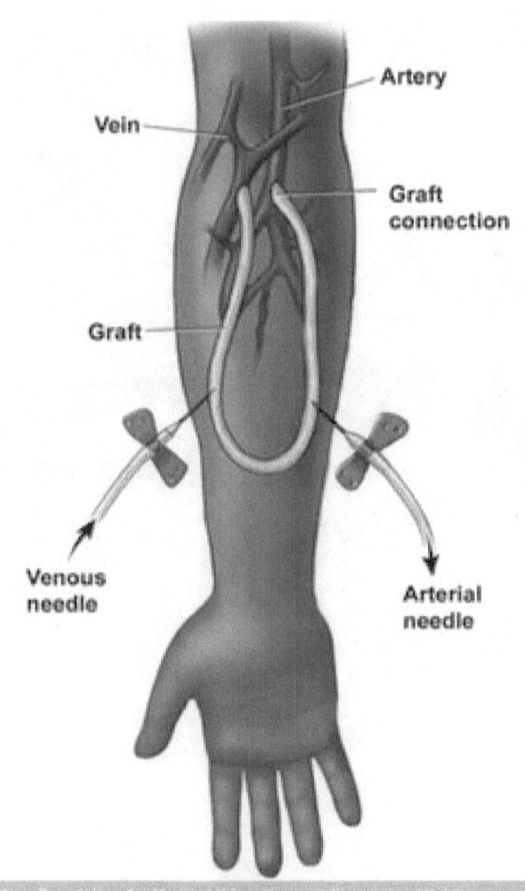

A. Cuidados post-operatorios

No difieren fundamentalmente de los descritos para las fístulas internas clásicas. Únicamente dos observaciones.

En este tipo de fístulas no es necesario realizar los ejercicios de pelota.
Tampoco la aplicación de calor.

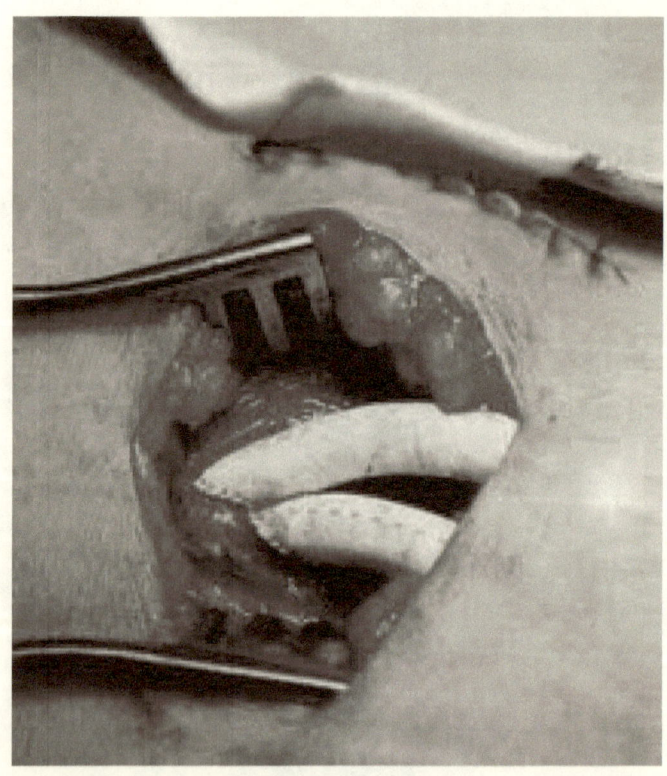

B. Cuidados en su manejo. Técnica de canulación

También nos remitimos a lo dicho anteriormente, pero haciendo las siguientes puntualizaciones

Antes de usar una prótesis, hay que dejar pasar tiempo suficiente.

No usar nunca compresor para canular

Hay quien prefiere en estos casos usar técnicas de unipunción.

5.- OTROS ACCESOS VASCULARES: CATÉTER DE PERM-CATH CATÉTERES DE DOBLE LUZ FEMORAL O SUBCLAVIAS

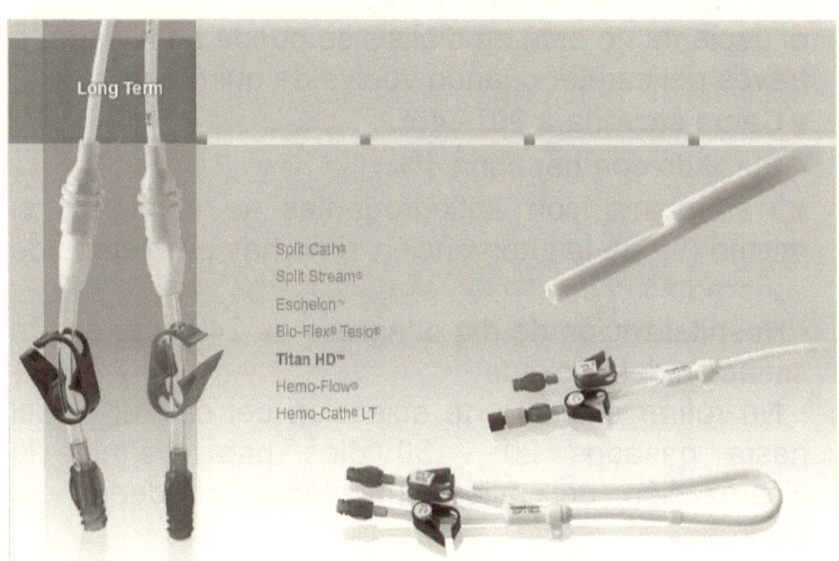

El catéter de Perm-cath se introduce a través de la yugular interna hacia la aurícula derecha.

Se hace con técnica quirúrgica y anestesia local y pueden ser utilizados inmediatamente, lo que permite instaurar la diálisis de urgencia o bien a la espera de la dilatación de una FAV interna.

Son los más utilizados actualmente.

PROTOCOLO Y CUIDADOS
CUIDADOS PREOPERATORIOS

• Limpieza y desinfección de la piel.
• Suspensión de antiagregantes o anticoagulantes 1 semana previa si el paciente los tomaba. Sustituir si precisa por Heparina de bajo peso molecular.
• Antibioterapia profiláctica : En paciente en diálisis administrar 1 gramo de Vancomicina durante la diálisis del día previo a la implantación del catéter. Si el paciente no está en diálisis se puede administrar a través del catéter cuando vuelve de quirófano.
• Cama elevada a 30º - 45º.
• Purgado con heparina 1%.
• Tratamiento con antiagregantes se comienza el mismo día de la intervención si no hay problemas de sangrado.
· Hospitalización de día o ingreso de 24 horas según situación del paciente.
· No retirar el punto de sujección del catéter a piel hasta pasados 20 - 30 días para permitir la cicatrización del tejido subcutáneo alrededor del Dacron.

PROFILAXIS ANTITROMBOTICA

De entrada se utilizarán antiagregantes para todos los pacientes que no presenten contraindicación en ese momento.

Dipiridamol 75 mg + AAS 50 mg (preparado comercial Asasantin) 1 cápsula en desayuno, almuerzo y cena. Explicar a los pacientes los posibles efectos secundarios del Dipiridamol sobre todo con las primeras dosis para evitar el abandono de la medicación.

Dipiridamol solo si hay antecedentes de Hemorragia Digestiva: 100 mgr cada 8 horas.

La anticoagulación con Dicumarínicos se utilizará sólo en el caso de problemas de trombosis repetidas. Utilizar la mínima dosis eficaz. Atención : los controles de Protrombina deberán hacerse de una vena periférica por interferencia de la Heparina de purgado del catéter.

En pacientes de alto riesgo o con mala adherencia al tratamiento se puede intentar la combinación de Anticoagulación a baja dosis + Antiagregantes.

Otra posibilidad es la utilización de Heparinas de bajo peso molecular si bien es muy caro.

En situaciones de procoagulabilidad (infecciones agudas, episodios de brote agudo en enfermedades inmunológicas, etc) pueden aparecer episodios aislados de trombosis del catéter que no tiene que no tienen que conllevar a un cambio del tratamiento de base sino a utilizar perfusiones aisladas de fibrinolíticos.

CUIDADOS GENERALES

Máxima higiene por parte del paciente: ducha diaria cubriendo la zona del catéter con plástico y utilizando luego secador de mano si se humedeciera el apósito. En casos individuales se puede retirar el apósito para la ducha y colocar posteriormente uno nuevo.

Utilizar siempre apósitos transpirables (gasa y esparadrapo). No hay diferencia entre utilizar un apósito plano que cubra todo el catéter y la piel de alrededor o utilizar un apósito circular de gasa que rodee la extensión en Y y lo deje como una especia de corbata (mejor en mujeres con grandes mamas). Sólo se utilizarán apósitos oclusivos en circunstancias especiales: por ejemplo para baños en el mar o piscinas, retirándolos posteriormente, ya que al no permitir la transpiración favorecen la creación de un medio húmedo y el riesgo de infecciones.

Uso de sujetador en mujeres sobre todo las que tienen mamas voluminosas para evitar desplazamientos del catéter por efecto de la gravedad.

Ropa cómoda que permita la correcta manipulación del catéter en las diálisis.

CUIDADOS EN LA CONEXION Y DESCONEXIÓN A HD

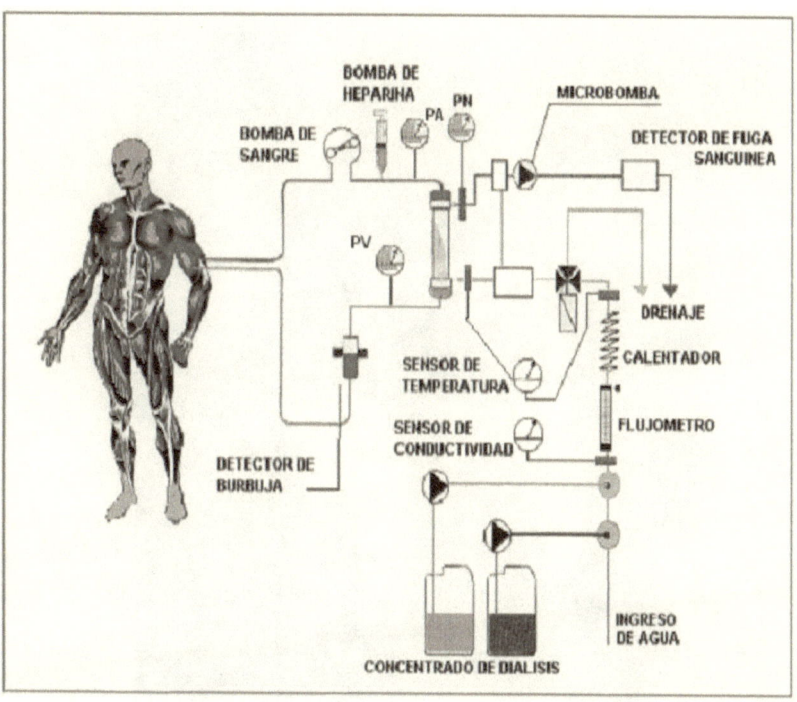

-Mascarilla para paciente y personal. Lavado cuidadoso de manos.
-Tras retirar el apósito, usar guantes estériles.
-Inspeccionar el túnel subcutáneo y el orificio de salida del catéter a piel. Toma de muestra para cultivo si enrojecimiento o exudado.
-Colocarse guantes estériles
-Lavado jabonoso con esponjillas o gasas más suero fisiológico. Secar y aplicar desinfectante local:

Cloruro Sódico hipertónico al 20%. Clorhexidina en casos especiales.

-Cambiar guantes y colocar paño estéril aislando el catéter de la piel.

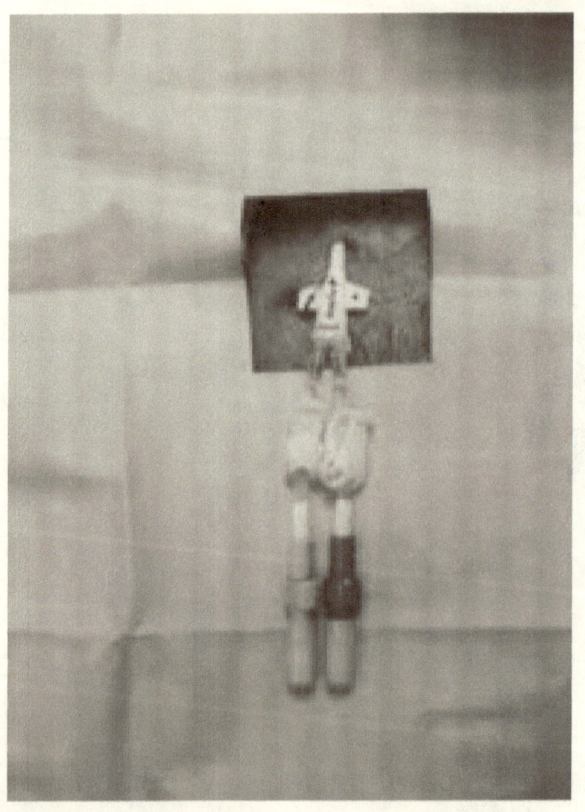

-Aspirar la heparina de sellado del catéter y purgar con suero salino, utilizando jeringas distintas para cada rama del catéter, de esta manera comprobaremos el correcto funcionamiento, tanto de entrada como de salida, de cada una de las ramas y podremos detectar problemas de flujo o de resistencia a la entrada.

-Conectar al paciente.

-Evitar "minitracciones" del catéter sobre todo en los dias siguientes a la implantación para permitir la creación de un tejido fibroso alrededor del Dacron que ancle el catéter al tejido subcutáneo.

-Fijar líneas de sangre a la piel para evitar que el peso de las mismas cuando el paciente se sienta traccione el catéter.

-Cambiar los tapones del catéter en cada sesión, utilizando unos nuevos estériles. Se pueden utilizar los de las agujas de las fístulas reesterilizados.

-Hacer la desconexión con circuito cerrado para cortar la exposición prolongada de la terminación arterial y su posible contaminación.

TRATAMIENTO ANTE MAL FLUJO

Si buen flujo con jeringa y no hay resistencia de entrada: Hacer toser al paciente, respiración profunda o cambio postural.

Si el efecto de válvula es repetido porque la luz arterial se pegue a la pared de la aurícula o cava superior se puede probar a invertir las ramas, utilizando la luz venosa de salida y la arterial de retorno.

Si efecto de válvula y mal flujo persistente sin resistencia de entrada sospechar manguito de fibrina. A veces esto ocurre por desplazamiento hacia fuera del catéter en catéteres que previamente funcionaban bien. Comprobar con RX aunque es difícil de diagnosticar.

En ocasiones problemas de flujo dependen de un peso seco demasiado ajustado.

Si mal flujo y resistencia de entrada aumentada: Trombosis parcial. Tratamiento local con solución diluida de Urokinasa, purgando la/s rama/s con esta solución y dejando actuar de 15 a 20 minutos y repitiendo el proceso de nuevo si no fuera eficaz. (La solución diluida de Urokinasa se prepara con 100.000 unidades en 25 cc de salino; utilizar bolsitas de 50 ml descartando el resto. Las cantidades varían según prescripción facultativa.

TRATAMIENTO DE TROMBOSIS TOTAL

Purgado de cada luz con solución diluida de Urokinasa (aproximadamente 5.000 unidades por rama) durante 15-20 min. Repetir una vez si se precisa.

Si lo anterior no fuera eficaz y hubiera necesidad inmediata de dializar al paciente, realizar perfusión local con 50.000 unidades en 50-100 cc de salino durante 1 hora por cada luz que esté trombosada.

En caso de que se disponga de mas tiempo o bien que el paciente presente episodios repetidos de problemas de flujo o de aumento de la resistencia de entrada realizar una perfusión corta con 50.000 unidades en 100 cc de fisiológico por cada rama durante 8 - 10 horas.

Si lo anterior no fuera totalmente eficaz o los problemas de trombosis se repitieran en corto intervalo de tiempo realizar una perfusión larga con 100.000 - 150.000 unidades en 500 cc de suero por cada rama durante 20 - 24 horas.

TRATAMIENTO DE BACTERIEMIAS

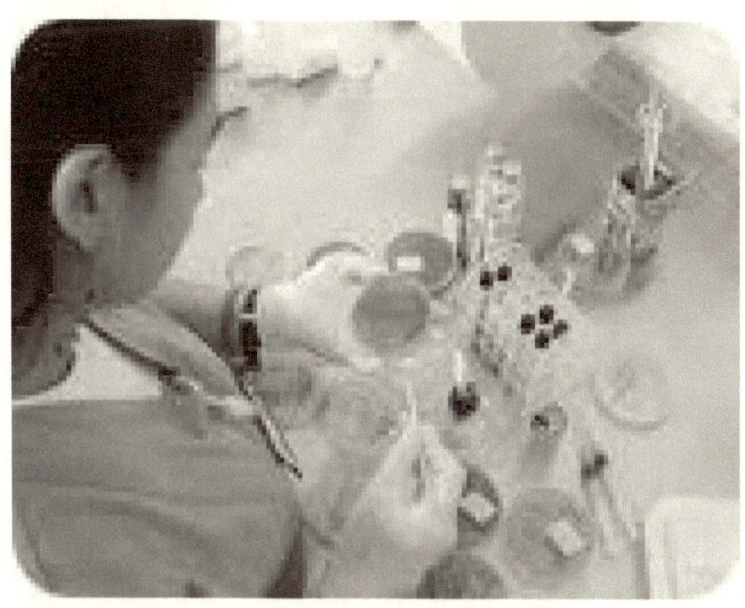

Ante episodio febril en paciente con catéter permanente extraer siempre Hemocultivos. Se pueden realizar las tomas de las líneas de sangre si ocurre durante la sesión de diálisis.

Si sospecha fuerte de origen de la Bacteriemia en el catéter (fiebre durante o inmediatamente después de la sesión de diálisis) utilizar antibioterapia sistémica con Aminoglucosidos + Vancomicina hasta obtener resultados de Hemocultivos (Netrocin 75 - 100 mg IV post-HD y Vancomicina 1 gramo en 100 cc de salino a pasar en un mínimo de 2 horas durante la diálisis por

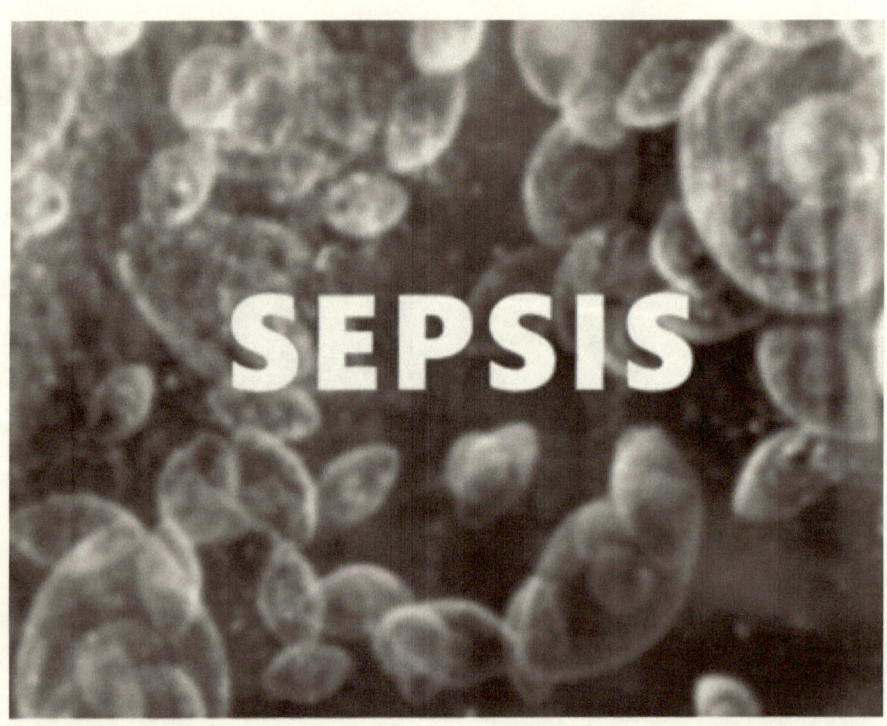

semana). Mantener antibioterapia apropiada durante 2 semanas. En caso de utilizar filtros de alta permeabilidad valorar aumentar dosis de Vancomicina. Si se sospecha colonización del catéter (reaparición del cuadro febril tras la suspensión de los antibióticos con crecimiento del mismo germen en el Hemocultivo) realizar sellado del catéter con antibiótico apropiado además de antibioterapia sistémica durante 4 semanas. Previo al uso de antibiótico local se aconseja dejar purgado el catéter con solución diluida de Urokinasa local con la finalidad de lisar la posible fibrina intraluminal que sirva de nido a los gérmenes para la colonización.

Si no respuesta, recidiva del cuadro febril o situación séptica recambiar el catéter.

Si tendencia a Bacteriemias repetidas por el mismo o diferentes gérmenes plantear otro tipo de acceso vascular si posible.

TRATAMIENTO DE INFECCIONES LOCALES

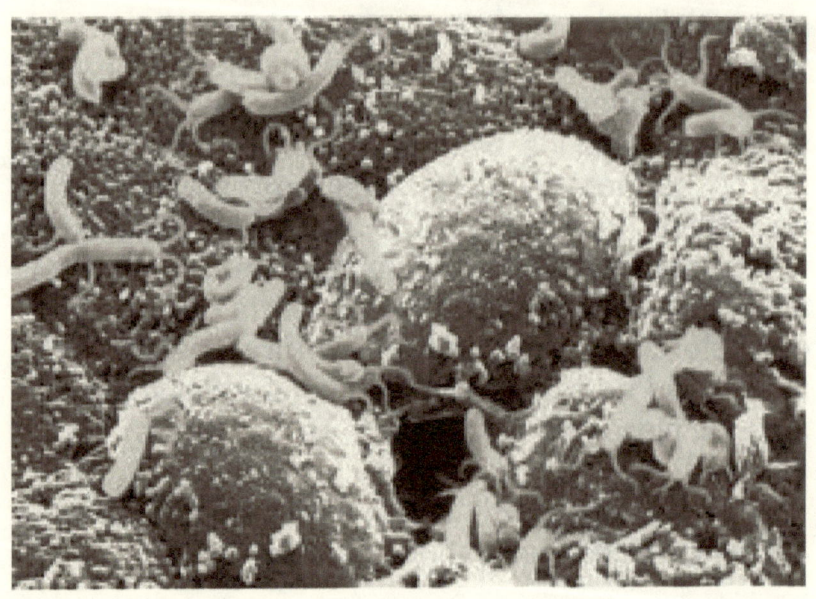

Toma de muestra para cultivo si exudado o eritema en la salida del catéter a piel.

Drenaje de exudado purulento en el túnel si hubiera.

Antibiótico local (no pomadas). Se pueden utilizar los antibióticos de uso oftálmico que pueden conservarse una vez abiertos durante 1 mes (Tobrex solución, Colircusi Gentamicina 1, Chibroxin, Rifamicina colirio, Oftacilox, etc.).

Antibioterapia sistémica con Vancomicina de entrada hasta resultado de cultivo y mantener durante 2 - 4 semanas.

Para el purgado del catéter con antibióticos hay que tener en cuenta:

-No mezclar antibióticos con Urokinasa por la posible inactivación del antibiótico.

-Algunos antibióticos si se utilizan en altas concentraciones a pesar de mezclarlos con heparina pueden provocar trombosis del catéter.

Pautas de uso de los más frecuentemente utilizados:

-Netrocin 50 mg en ampollas de 2 ml: cada rama se purga con 1 ml + heparina 5% hasta completar el volumen de purgado.

-Diatracin (Vancomicina) 500 mg se diluye con 20 ml de suero fisiológico (se utilizan 19 ml para el uso sistémico en el paciente) y se deja 1 ml en el vial que se diluye de nuevo con fisiológico hasta completar 10 ml (concentración final de Vancomicina 2.5 mg/ml). Esta solución una vez preparada puede conservarse en frigorífico 14 días. Se purga cada rama con 1 ml de la solución de Vancomicina + Heparina 5% hasta completar el volumen total de purgado de cada rama.

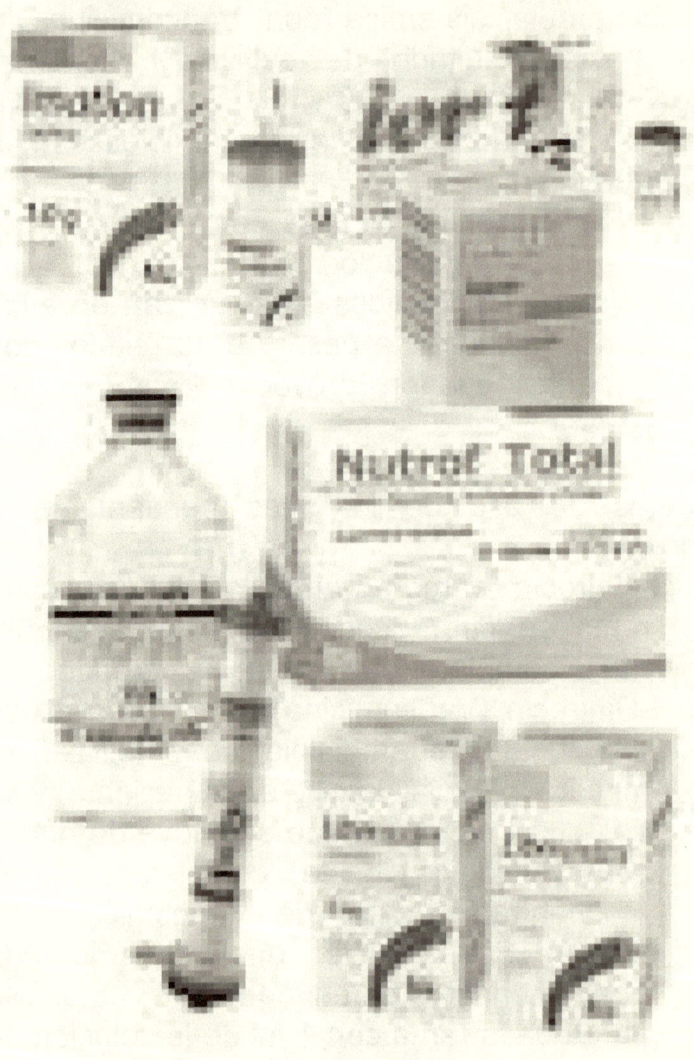

En cuanto a los **catéteres de doble luz, femorales o subclavias** son utilizados en situaciones de urgencias, principalmente en IRA o por pérdida brusca del acceso vascular en la IRC.

Consiste en la canalización de un gran vaso venoso con un catéter de doble luz. La elección del sitio de implantación, subclavia o femoral dependerá de:

-La situación anatómica de la zona implicada en función de las complicaciones que pudieran aparecer.

La técnica utilizada para la implantación es la de Sheldinguer.

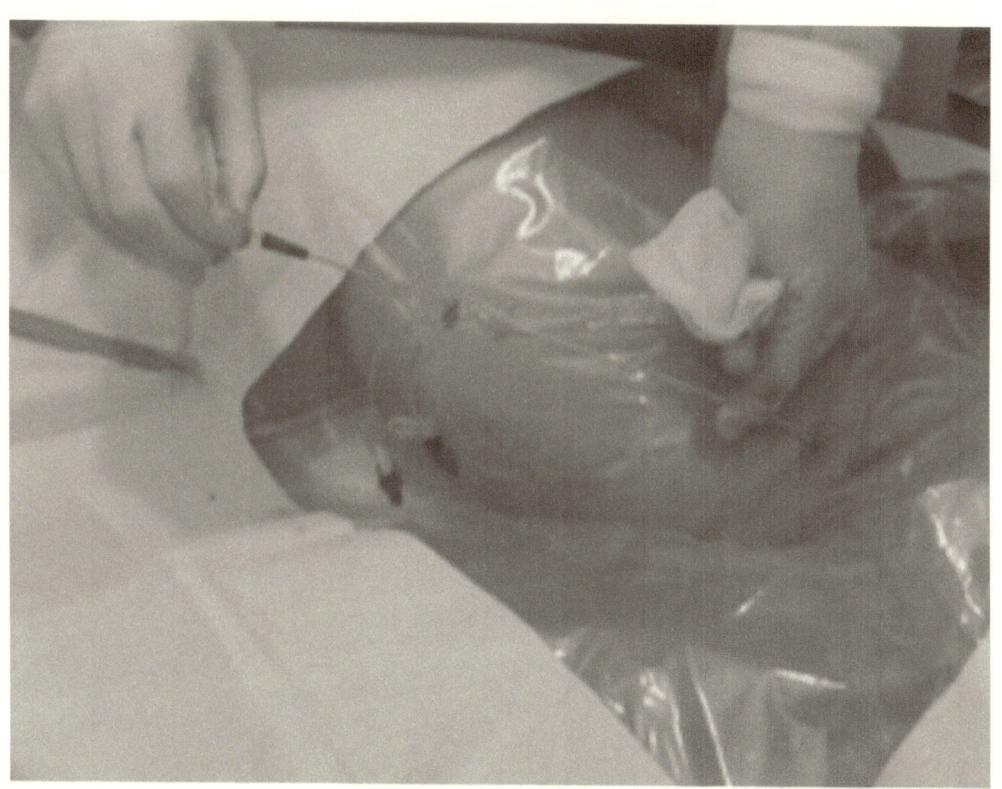

Los cuidados de enfermería tanto de limpieza y desinfección como de conexión y desconexión son los mismos que los de los shunts externos, utilizando los mismos protocolos ya descritos.

www.ingramcontent.com/pod-product-compliance
Lightning Source LLC
Chambersburg PA
CBHW021853170526
45157CB00006B/2426